Bibliografische Information der Deutschen Nationalbibliothek:

Die Deutsche Bibliothek verzeichnet diese Publikation in der Deutschen National-
bibliografie; detaillierte bibliografische Daten sind im Internet über http://dnb.d-
nb.de/ abrufbar.

Impressum:

Copyright © 2015 GRIN Verlag, Open Publishing GmbH
Druck und Bindung: Books on Demand GmbH, Norderstedt Germany
ISBN: 978-3-668-16017-0

Dieses Buch bei GRIN:

http://www.grin.com/de/e-book/316795/naturphaenomen-oder-naturkatastrophe-
ursachen-entstehung-und-schutzmassnahmen

David Till

Naturphänomen oder Naturkatastrophe? Ursachen, Entstehung und Schutzmaßnahmen bei Sturmfluten und Tsunamis

GRIN Verlag

Friedrich-Schiller-Universität Jena

WiSe 2014/15

Institut für Geographie

Seminar: Physische Geographie II

Sturmfluten und Tsunamis
Naturphänomene vs. Naturkatastrophen

Hausarbeit

____

Studiengang: Sport/Geographie (LA)

____

Inhalt

1 Einleitung

Der Fortschritt des Menschen in Bezug auf seine Technologien und sein Wissen nimmt stetig zu. Mit Hilfe der uns zur Verfügung stehenden Mittel meinen wir das Geschehen, wie auch die Natur, um uns herum kontrollieren zu können. Wir erfreuen uns zugleich aber auch an der Schönheit unserer Umwelt und der vielfältigen natürlichen Prozesse die sie bestimmen. Gerade das Wasser stellt, neben der elementaren Lebensgrundlage des Menschen, eine beliebte Freizeitgestaltung dar.

Auf der anderen Seite berichten die Nachrichten leider viel zu oft von verheerenden Naturkatastrophen. „Orkantief 'Xaver': Sturmflut trifft Hamburg – Hafen zweitweise gesperrt" (SPIEGEL ONLINE 2013:o.S.) titelt etwa der SPIEGEL ONLINE am 06.11.2013. Von einem noch schlimmeren Ereignis berichtet DIE WELT am 11.03.2011 mit dem Headliner „Zehn Meter hohe Tsunamiwelle überflutet Japan" (DIE WELT 2011:o.S.). An diesen Beispielen wird bereits deutlich, dass die mit der Hydrodynamik verbundenen Naturphänomene nicht immer positive Wirkungen auf den Menschen haben.

Aber sind die Folgen von Sturmfluten und Tsunamis ebenso schädlich für die Natur, wie sie es augenscheinlich für den Menschen zu seien scheinen? Mit dieser Frage soll sich die nachfolgende Arbeit beschäftigen. Jedoch soll es dabei nicht allein um die Auswirkungen gehen, vielmehr soll sie auch einen Überblick über die allgemeine Begriffsdefinition, Ursachen der Entstehung und mögliche Schutzmaßnahmen von Sturmfluten und Tsunamis geben. Eingangs soll außerdem der Zusammenhang des Begriffspaares Naturphänomen und Naturkatastrophe geklärt werden, da dieser für die Betrachtung der beiden Ereignisse eine wichtige Rolle spielt.

2 Abgrenzung Naturphänomene und Naturkatastrophen

Die in dieser Arbeit beschreibenden Naturereignisse Sturmflut und Tsunami können sowohl als Naturphänomen, als auch als Naturkatastrophe angesehen werden. Eine genaue Abgrenzung der unterschiedlichen Begrifflichkeiten soll deshalb im Folgenden geschehen.

Sowohl POHL & GEIPEL (2202:5) als auch HEIDIGER (2007:4) verstehen unter Naturphänomenen eine Erscheinung, die tatsächlich auftritt und objektiv messbar ist. Ein Synonym für das Naturphänomen wäre das Naturereignis, welches einen „Vorgang in der Natur, der ohne Zutun des Menschen naturgesetzlich abläuft [,]" (DIERCKE WÖRTERBUCH GEOGRAPHIE 2011:603) beschreibt. Diese Phänomene können zunächst einmal überall auf der Erde auftreten, unabhängig von der Besiedlung eines Gebietes. Doch gerade die Besiedelung der Region stellt den entscheidenden Faktor in der Nomenklatur der vorliegenden Erscheinung dar. Sobald die anthropogene Komponente hinzukommt, wird schnell von einer Naturgefahr gesprochen. In Abgrenzung zum Naturereignis handelt es sich hierbei um „[...] ein Unheil, das aus einem natürlichen Prozess [...] resultiert und vom Menschen für seine Existenz und deren materielle Grundlagen als bedrohlich empfunden wird." (ebd.: S.603) Eine Naturkatastrophe wiederum kann aus der bestehenden Gefahr auf den Menschen resultieren. Bei der Katastrophe als Ende dieser kausalen Kette handelt es sich um „[p]lötzliche, massive Störungen mit als überdurchschnittlich groß empfundenen Verlusten" (FELGENTREFF & DOMBROWSKY 2008:13). Die Art dieser Verluste geht aus der Definition des DIERCKE WÖRTERBUCH GEOGRAPHIE (2011:604) genauer hervor. Sie werden beschrieben als „große[r] materielle[r], ökonomische[r], den Menschen selber und den Naturraum betreffende[r] Schäden sowie schwere Störungen des gesellschaftlichen Lebens [...]", die sowohl „[...]kurzfristig [...] oder auch jahrelang andauernd [...]" sein können (ebd.:604).

Der Begriff Naturkatastrophe impliziert gleichermaßen eine Schuldzuweisung hin zur Natur, welche in der Gänze nicht korrekt ist. Aus diesem Grund wird im englischen Sprachgebrauch zusätzlich zwischen *natural* und *man-made* Katastrophen entschieden (FELGENTREFF & DOMBROWSKY 2008:13f.).

Mit dieser Schnittstelle der physischen Geographie, dem System Umwelt mit seinen Erscheinungsformen und dem System Mensch oder Gesellschaft in seinen Belangen in der Humangeographie, beschäftigt sich die Hazardforschung. Sowohl die Sturmflut als auch ein Tsunami kann als Hazard verstanden werden. Die Verwendung des Begriffes setzt jedoch die Notwendigkeit einer Definition voraus.

„Als Hazards werden plötzlich auftretenden Ereignisse verstanden, die erhebliche Einwirkungen auf die Struktur der Gesellschaft einer größeren Region haben, insbesondere Menschen verletzen oder töten sowie Güter schädigen können. Dabei geht es nicht nur um die Ereignisse selbst, sondern auch um die bloße Möglichkeit, dass sie geschehen können, das heißt, nicht unbedingt die objektive Eintrittswahrscheinlichkeit ist zentral, sondern die subjektive Wahrnehmung und Bewertung." (GEBHARDT et al. 2011:117)

Aus dieser Definition geht hervor, dass der Begriff sehr weitläufig beschrieben wird. Neben der eigentlichen Naturkatastrophe beinhaltet er also auch die Naturgefahr als Behandlungsschwerpunkt.

3 Sturmfluten

Die Sturmfluten zählen zu der Kategorie der meteorologisch bedingten Flutwellen. Sowohl die Prozesse der Entstehung, sowie deren Erscheinung und Auswirkungen sind damit stark zu differenzieren von der Gruppe der seismisch-vulkanisch erzeugten Flutwellen (KLUG 1986:16). Auch sie stellen allerdings extreme Naturphänomene dar. Klug (1986:16) beschreibt Flutwellen folgendermaßen: „Flutwellen sind […] außergewöhnlich hohe Meereswellen, die in Verbindung mit hohen Wasserständen an den Küsten verheerende Überschwemmungen hervorrufen und zerstörend wirken." Aus diesem Zitat wird bereits die zerstörerische Wirkung deutlich, die Flutwellen oder auch Sturmfluten zu einer Naturkatastrophe machen können. Eine genauere

Betrachtung dieses Naturphänomens soll im weiteren Verlauf der Arbeit geschehen.

3.1 Entstehung einer Sturmflut – Sturmflutkomponente

Wie der Begriff der Sturmflut bereits teilweise preisgibt, stellt das entscheidende Kriterium für die Entstehung einer Sturmflut ein starker Wind dar. Dieser muss aus einer Richtung kommen, welche das Aufstauen des Wassers in einem Gebiet begünstigt. Beispielsweise stellen Buchten derartig gute Bedingungen für einen Wasserstau her (GÖNNERT et al. 2010:12). Vor allem die Prozesse der Hydrosphäre in Verbindung mit der Atmosphäre spielen eine wichtige Rolle. Der Windschub, welcher an der Wasseroberfläche entsteht, führt durch Reibung zu einer Driftströmung der oberflächennahen Wasserschichten. Durch die Bewegung dieser Wassermassen in Richtung der Küste ergibt sich eine, der Windrichtung entgegengesetzte, Neigung der Wasseroberfläche, wie in Abbildung 1 aufgezeigt wird.

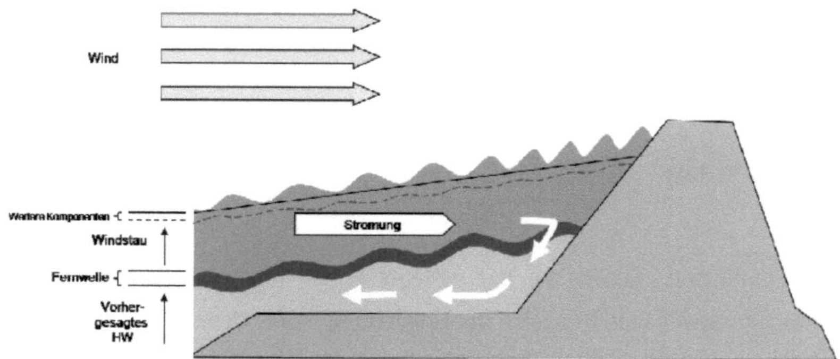

Abb. 1: Sturmflutkomponenten (GÖNNERT et al. 2010:18)

Diese bleibt jedoch nicht statisch bestehen. Der Druckunterschied des Wasserkörpers zwischen den Land-nahen Wassermassen und den Land-fernen Wassermassen führt zwangsläufig zu einem Rückfließen der bodennahen Wasserschicht. Diese ebenfalls in Abbildung 1 dargestellte Rückströmung ist in ihrer Stärke abhängig von dem Neigungswinkel der Wasseroberfläche und dem, sich aus dem Relief ergebenden, Reibungswiderstand des Meeresbodens (ebd.:12).

Neben dem Wind, als wichtigste Komponente, ist es vor allem die Addition mehrerer Erscheinungen in ihrer maximalen Ausprägung, die zu einer extremen Sturmflut führen. Die wichtigsten beiden weiteren Faktoren sind die Tiden und die Fernwelle.

Wie in Abbildung 2 dargestellt ist, führt bereits die astronomische Tide, welche genauer unter dem Punkt *„3.1.1 Tide"* beschrieben wird, zu einer Wasserstandserhöhung. Dieser Prozess ist allerdings zyklisch und tritt nicht an allen Küstenteilen der Erde derartig stark auf, dass er zwangsläufig Beachtung finden müsste. Für die Gebiete in denen Sturmfluten auftreten sind die Tiden aber ein elementarer Ausgangsprozess (NIEDECK & FRATER 2004:66).

Der bereits teilweise beschriebene Windstau wird im dritten Teilbild der Abbildung 2 aufgezeigt und unter dem Punkt *„3.1.2 Windstau"* genauer erläutert.

Fernwellen als dritte Komponente zur Entstehung von Sturmfluten spielen ebenfalls eine signifikante Rolle und sind in dem vierten Teilbild schemenhaft dargestellt. Sie entstehen durch die Änderung des statischen Druckes an der Meeresoberfläche und den Windschub (GÖNNERT et al. 2010:36).

Die Oberflächenwellen sind räumlicher näher an das Auftreten der Sturmflut zu verorten. Mit dem Auftreffen auf die Küste können sie jedoch auch zu massiven Schäden führen.

Abb. 2: Zusammensetzung der Wasserstandserhöhung
(SCHWANKE et al. 2009[2]:121)

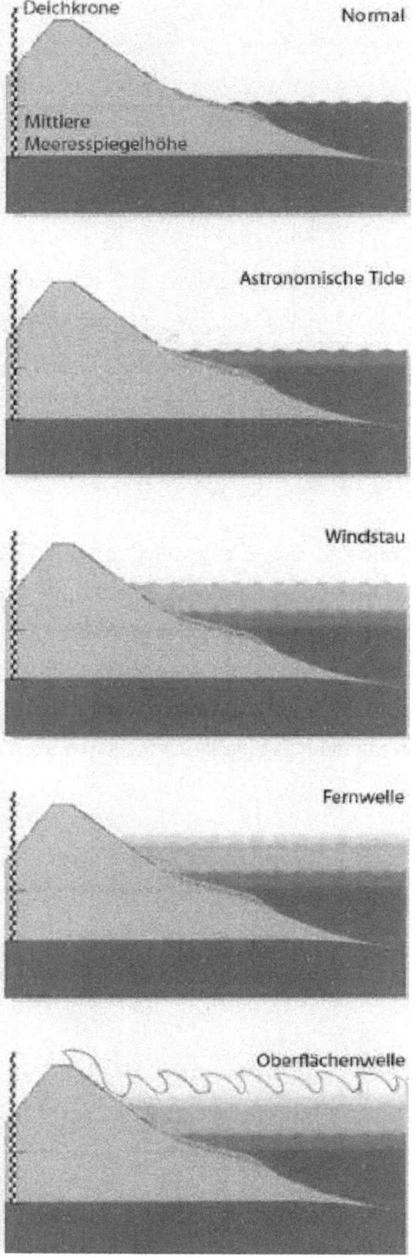

3.1.1 Tiden

Die Gezeiten (Tiden) stellen die periodische Schwingung des Meeres zwischen Niedrigwasser (Ebbe) und Hochwasser (Flut) dar und treten an viele Küsten der Erde auf. Bedingt werden sie durch die Anziehungskräfte von Sonne und Mond, sowie die Zentrifugalkraft die bei der Rotation der Erde um ihre eigene Achse entsteht. Aufgrund der unterschiedlichen Entfernung der verschiedenen Erdteile sind diese Kräfte stark unterschiedlich ausgeprägt zu einem bestimmten Tageszeitpunkt. Im normalen Rhythmus findet der Wechsel zwischen Ebbe und Flut zweimal pro Tag und damit etwa alle 12,5 Stunden statt (SCHWARTZ 2005:987).

Neben der Standardausprägung der Tiden gibt es aber auch zwei besondere Formen der Flut. Stehen Erde, Sonne und Mond in einer geraden Linie, wie es bei Voll- und Neumond der Fall ist, kommt es zu einer sogenannten Springtide. Die Ausprägung der Amplitude dieses Naturphänomens ist besonders groß. Durch die lineare Aufreihung der drei Himmelskörper kommt es zu einer Addition ihrer Gravitationskräfte. Verbunden mit der Zentrifugalkraft der Erde werden die Wassermassen maximal ausgedehnt (Abb. 3). Diese Bedingungen sind sehr förderlich für das Auftreten einer extremen Sturmflut.

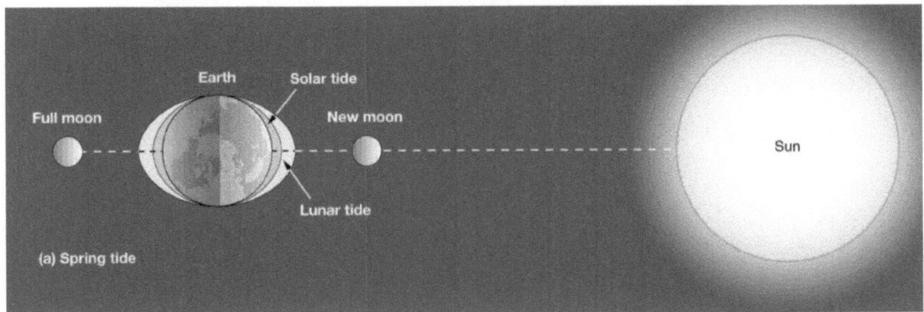

Abb. 3: Entstehung der Springtide (verändert nach: N.N. o.J.)

Das andere Extrem bei der Ausprägung der Gezeiten ist die Nipptide. Wie auf Abbildung 4 zu sehen ist, steht hierbei der Mond im rechten Winkel zur Sonne und die Anziehungskräfte überlagern sich nicht. Dieses, bei Halbmond auftretende, Phänomen bringt sehr niedrige Wasserstände bei Flut hervor (ebd.:988f.).

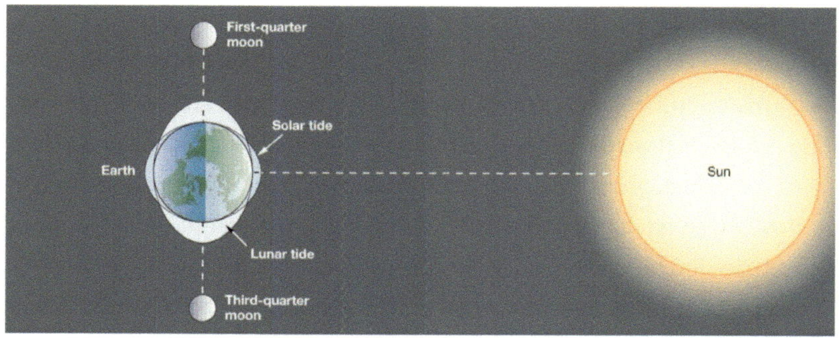

Abb. 4: Entstehung der Nipptide (verändert nach: N.N. o.J.)

Sowohl die Nipptide, als auch die Springtide, lassen sich jedoch nicht direkt in dem Moment ihres astronomischen Auftretungszeitpunktes an den Küsten wahrnehmen. Da es sich bei den Tiden schlussendlich um eine Form einer sehr großen Welle handelt, die weit in der Mitte der Ozeane entsteht, braucht diese eine gewisse Zeit um das Land zu erreichen. Die Flut bzw. Ebbe in Cuxhaven setzt beispielsweise mit etwa ein- bis dreitägiger Verspätung ein (GÖNNERT et al. 2010:20).

Die Abbildung 5 zeigt die beiden Tidenformen in relativer Ausprägung über die Zeit. Auch dargestellt ist die mittlere Tide, welche sich aus dem Durchschnitt aller bestimmten Niedrig- und Hochwasserwerte über einen Zeitraum von meist fünf Jahren ergibt (ebd. 53).

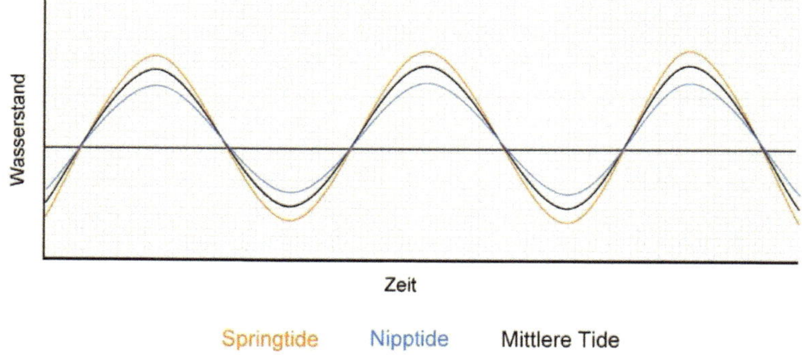

Abb. 5: Schematische Darstellung von Spring- und Nipptide (GÖNNERT et al. 2010:53)

3.1.2 Windstau

Wie bereits unter dem Punkt „*3.1 Entstehung einer Sturmflut –
Sturmflutkomponente*" beschrieben stellt der Wind die wichtigste Komponente
bei der Entstehung einer Sturmflut dar. Nur ein langanhaltender und
richtungstreuer Wind kann zu einer Aufstauung der Wassermassen in einer
Bucht führen.

Aus Messungen der der Windstauhöhe in Abhängigkeit von der
Windgeschwindigkeit in Cuxhaven geht jedoch auch hervor, dass die Stauhöhe
nicht unbegrenzt mit der Windgeschwindigkeit steigt. Bis zu einer
Geschwindigkeit von circa 57 Knoten mit einer Windstauhöhe von etwa 410 cm
ist der Anstiegt exponentiell. Abbildung 6 zeigt wie der Anstieg danach rasant
abfällt und bei einer Windstauhöhe von 550cm sein Maximum erreicht,
unabhängig von der Windstärke.

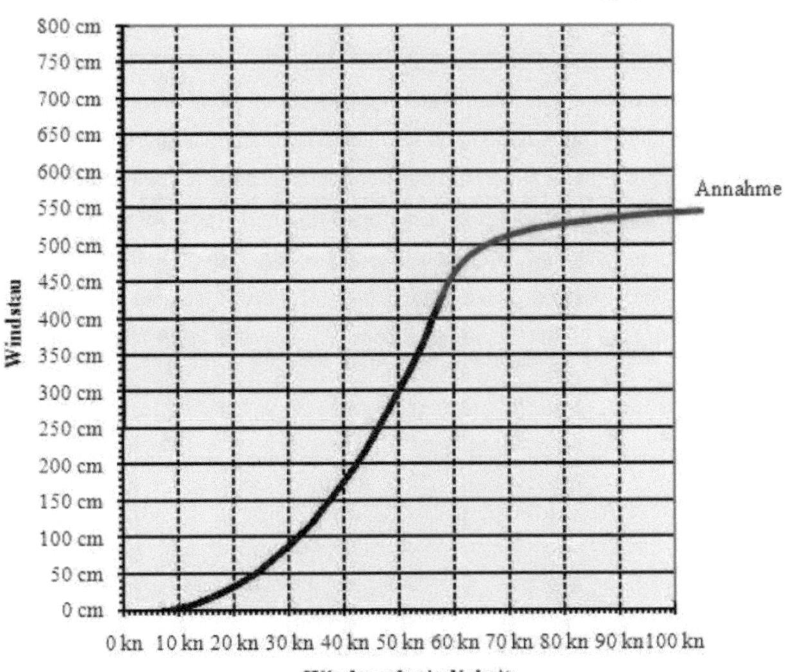

Abb. 6: Windstau in Cuxhaven zur Hochwasserzeit bei stauwirksamer Richtung
(295°), nach MULLERNAVARRA et al. (2003) (GÖNNERT et al. 2010:43)

Des Weiteren fand die Studie in Cuxhaven heraus, dass das der auftretende Windstau nicht bei allen Phasen der Tiden gleich stark ausgeprägt war. Der Effekt des Windes bei Tidenniedrigwasser ist größer als bei Tidenhochwasser. Nach einer Studie von GÖNNERT (2007:247ff.) ist die Windstauhöhe um zehn Prozent geringer bei Flut, als im Vergleich zu Ebbe für das Beispiel Cuxhaven. Diese Tatsache mindert das Ausmaß einer Sturmflut erheblich, wenn sich Windstau und Tiden gegenseitig negativ beeinflussen. Zurückzuführen ist diese Gegebenheit auf das unterschiedliche Ausmaß der Rückströmung bei Windstau. Je nach Höhe des Wasserkörpers ist die Sohlreibung unterschiedlich ausgeprägt. Gerade bei niedrigen Wasserständen ist sie besonders stark und begünstigt so den Windstau (GÖNNERT & THUMM 2010:87).

3.1.3 Fernwelle

Den dritten entscheidenden Faktor für das Zustandekommen einer Sturmflut bilden die Fernwellen. Ausgelöst werden diese durch *„deep water surges"* auf dem offenen Meer. Dabei handelt es sich um Wasserstandsänderungen infolge meteorologischer Effekte außerhalb der Kontinentalschelfe (GÖNNERT 2010:24). Die Hauptursache dafür sind Druckschwankungen in der Atmosphäre die besonders durch Zyklonen entstehen. Wie Abbildung 7 zeigt, kommt es in der Zyklone zu einer massiven Ausprägung eines Tiefdruckgebietes. Im direkten Anschluss steigt der Luftdruck jedoch wieder (SCHÖNWIESE 2008:182).

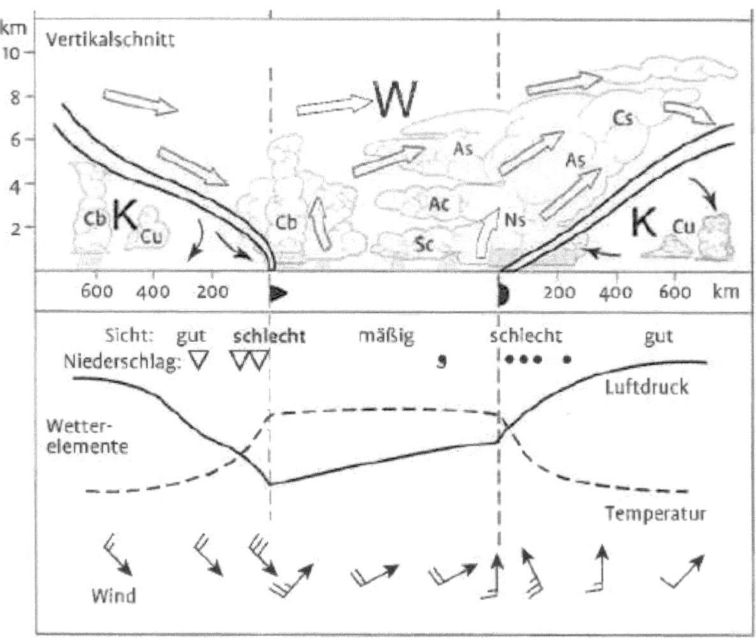

Abb. 7: Luftdruckverlauf einer Zyklone (verändert nach Schönwiese 2008:182)

Diese Schwankung ist abhängig von der Bewegungsgeschwindigkeit der Zyklone. Daraus resultierend hebt und senkt sich die Meeresoberfläche und bildet so Wellen. Stärker tritt dieser Effekt allerdings noch in der Dichtesprungschicht bei etwa 200 – 300m Tiefe im Wasserkörper auf. Zusätzlich besteht die Möglichkeit, dass die Bewegungsgeschwindigkeit der Zyklone mit der Ausbreitungsgeschwindigkeit der internen Welle in der Dichtesprungschicht zusammenfällt und der Welleneffekt sich durch die Überlagerung verstärkt. Diese mächtige interne Welle wird nun beim Übergang vom Tiefwasser zum Kontinentalschelf in eine Oberflächenwelle umgewandelt und trifft so auf das Festland (GÖNNERT et al. 2010:24).

3.2 Definition einer Sturmflut

Eine klare Definition einer Sturmflut in Abgrenzung zu andern Naturphänomenen wie der Flut ist nicht ganz so einfach möglich. Wichtig für die Klassifizierung des Ereignisses sind verschiedene Parameter.

Das DIERCKE WÖRTERBUCH GEOGRAPHIE (2011:924) gibt zunächst einmal Aufschluss über den Begriff ans sich. Sturmflut ist beschrieben als „[…] außergewöhnlich hohe Flut an Gezeitenküsten, die durch gleichzeitiges Eintreffen der Springflut und starker auflandiger Stürme verursacht wird." (DIERCKE WÖRTERBUCH GEOGRAPHIE 2011:924)

An dieser Definition wird gleichermaßen die Krux deutlich, ein Naturphänomen eineindeutig als Sturmflut zu betiteln. Der Ausdruck *„außergewöhnlich hohe Flut"* kann von Individuum zu Individuum unterschiedlich interpretiert und in der Wirklichkeit anders wahrgenommen werden.

Aus diesem Grund führt GÖNNERT et al. (2010:16f.) zunächst die Definition über den Scheitelwasserstand auf. Dabei müssen jedoch noch einmal statische und deterministische Herangehensweisen unterschieden werden. Bei der statischen werden die Sturmfluten anhand der Häufigkeit ihres Auftretens beispielsweise in leichte, schwere und sehr schwere Sturmfluten unterteilt (GÖNNERT et al. 2010:16). Ein deterministisches Verfahren ist die Springtidenanalyse nach LÜDERS (1956). Dazu werden langfristige Scheitelwerte aufgestellt, anhand deren Abweichung dann eine Unterteilung in die drei, in der Tabelle 1 dargestellten, Klassifikationen möglich ist.

Tab. 1: Grenzwerte zur Definition von Sturmflutklassen nach Lüders (1956) (Datenquelle: GÖNNERT et al. 2010:16)

Flutklasse	Untere Grenze
Windflut	MSpThw + ¼ MSpThb
Sturmflut	MSpThw + ½ MSpThb
Orkanflut	MSpThw + ¾ MSpThb

Aufgrund der Anwendung in der Schifffahrt ist die Definition des Bundesamtes für Seeschifffahrt und Hydrographie eine sehr weit verbreitete Variante. Dabei wird der mittlere Tidenhochwassserwert (MThw) bestimmt und bei Überschreitung wie in Tabelle 2 unterteilt (GÖNNERT et al. 2010:16f.).

Tab. 2: Sturmflutdefinition des Bundesamt für Seeschifffahrt und Hydrographie (Datenquelle: GÖNNERT 2010:17)

Flutklasse	Untere Grenze
Sturmflut	1,5 bis 2,5 m über MThw
Schwere Sturmflut	2,5 bis 3,5 m über MThw
Sehr schwere Sturmflut	> 3,5 m über MThw

Der zweite grundlegende Definitionsansatz ist die Möglichkeit eine Sturmflut über ihre Windstaukurve abzugrenzen. Dazu wird die Differenz der berechneten astronomischen bzw. mittleren Tide und dem tatsächlich vorliegenden Wasserstand berechnet. Um die Genauigkeit der Aussage zur Sturmflut über die Analyse der Windstaukurve zu gewährleisten, muss die Berechnung zu jeder Tidenphase durchgeführt werden. Nur so kann belegt werden, dass die auftretende Tide und der Stauwind voneinander unabhängig sind. Die festgelegten Grenzwerte unterscheiden sich dabei von Region zu Region. Eine Windstauhöhe von über zwei Meter gilt in Cuxhaven zum Beispiel als Sturmflutereignis (GÖNNERT et al. 2010:17).

3.3 Geographische Verbreitung

Durch die vorangegangenen Kapitel lässt sich bereits vermuten, welche Küsten besonders von der Gefahr einer Sturmflut betroffen sind. An welchen Küstenteilen sie besonders häufig auftreten, soll die Abbildung 8 zeigen.

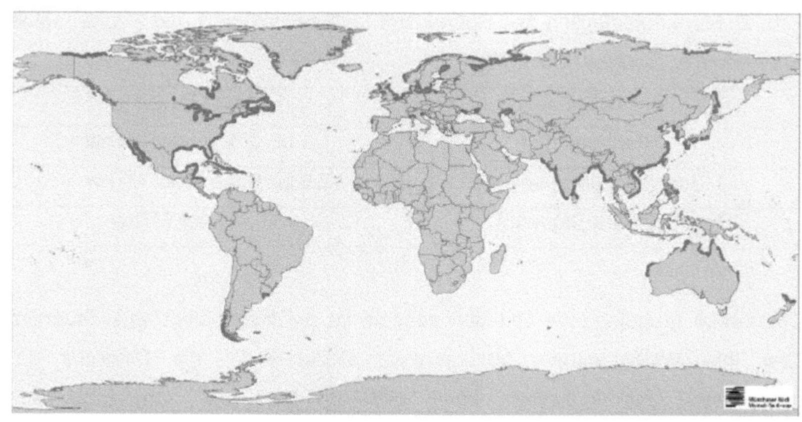

Abb. 8: Gefahr durch Sturmfluten, entsprechend einer Einschätzung der Münchner Rück (STORCH & WOTH o.J.:4)

Bedingt wird das Naturphänomen an den blau eingezeichneten Küsten durch Tropische Stürme wie Zyklonen, oder extratropische Stürme. Die Gruppe der tropischen Stürme führt besonders häufig

> „[…] zu Sturmfluten an der Ostküste von Nordamerika, am Golf von Mexiko, den Küsten von Hawaii, Mexiko, den Karibischen Inseln, im Golf von Bengalen, dem Arabischen Meer, an den südwestlichen als auch an den östlichen Küsten des Pazifiks, den westlichem tropischen Pazifik, den australischen Küstengebieten, in Japan, China, Korea, den Philippinen, Myanmar, Vietnam und Thailand."
> (STORCH & WOTH o.J.:4)

Sturmfluten die in den mittleren Breiten beobachtet werden, sind auf extratropische Stürme zurückzuführen. Die betreffenden Gebiete sind vor allem die kanadischen Küsten mit ihren großen Seen, das Mittelmeer, die Irische See, das Schwarze Meer und die europäischen Küsten der Nord- und Ostsee (STORCH & WOTH o.J.:4f.).

3.4 Auswirkungen

Die Auswirkungen einer Sturmflut sind sehr unterschiedlich aus einer physisch-geographischen und human-geographischen Sichtweise. Dennoch sind sie in vielen Aspekten nicht voneinander zu trennen.

Etwa ein Drittel der gesamten Weltbevölkerung lebt in Küstenregionen und diese sind zumeist zweimal so dicht besiedelt wie das Binnenland (RAO 2015:o.S.). Das eine Sturmflut unzählige Menschenleben kosten kann, ist die daraus resultierende drastischste Folge einer Sturmflut aus humangeographischer Perspektive. Das enorme Ausmaß lässt sich am Beispiel Bangladesch festmachen. Aufgrund seiner Lage und der Trichterform der Küste sind in Folge von Sturmfluten und Zyklonen etwa 450.000 Menschen seit 1970 zu Tode gekommen. Abgesehen davon sind unermessliche wirtschaftliche Schäden entstanden (HOSSAIN 2015:o.S.). Gerade wenn die gebauten Deiche den Wassermassen nachgeben, kommt es im Hinterland zur Zerstörung der Infrastruktur und Siedlungsfläche. Diese Art von Schänden bezeichnet KLUG (1986:74) als Primarschäden, da sie direkt mit der Sturmflutkatastrophe eintreten.

Eine mögliche Schnittstelle der Folgen für den Menschen und die Natur stellen Sekundärschäden dar. Bei der Überflutung kommt es neben der Ausschwemmung auch zu einer Versalzung der Böden. Diese brauchen meist mehrere Jahre um diesen Eingriff wieder auszugleichen. Eine agrarwirtschaftliche Nutzung der Flächen entfällt damit für den Menschen (KLUG 1986:75).

3.5 Schutzmaßnahmen

Der Umgang mit dem Risiko einer Sturmflut ist der unterschiedlich. Oftmals ist der Ausbau der Schutzmaßnahmen davon abhängig, wie sehr das Thema im gegenwärtigen gesellschaftlichen Diskurs steht (STORCH & WOTH o.J.:14). Ein zweiter wesentlicher Faktor ist die wirtschaftliche Stellung der betreffenden Region und ihre finanziellen Mittel zu Realisierung von Präventivmaßnahmen.

Die geläufigste Maßnahme zum Schutz vor Sturmfluten ist wohl der Bau von Dämmen an der Küstenlinie. Schon circa vor 1000 Jahren begannen die

Menschen damit, Erdhügel aufzuschütten, um sich vor dem Wasser zu schützen (KLUG 1986:70).

Aber auch die Vorteile des natürlichen Ökosystems kann der Mensch sich zu Gunsten machen. Küstenfeuchtgebiete, Mangroven und Nearshore-Korallenriffe haben bei Überschwemmungen und Sturmfluten eine hemmende Wirkung, solange sie gut entwickelt sind (RAO 2015:o.S.).

4 Tsunami

Der aus dem japanisch stammende Begriff *Tsunami* lässt sich als Hafenwelle übersetzen (tsu = Hafen; nami = Welle) und wurde von japanischen Fischern geprägt. Daraus lässt sich bereits die Bedrohung für den Menschen ableiten. Denn nicht der Ursprung, sondern die letztendliche Bedrohung für den Menschen spiegelt sich in diesen Begriff des Naturphänomens bzw. der Naturkatastrophe wider (SCHEFFERS 2008:173; BRYANT 2008:3). In der englischsprachigen Geowissenschaft wird das Naturphänomen als „seismic sea waves" benannt (KLUG 1986:80). In der gesamten Hausarbeit wird der Begriff Tsunami appliziert, welcher im Singular und Plural kongruent ist. Tsunami ist eine einzelne oder eine Serie von Wellen mit hoher kinetischer Energie, welche sich durch die plötzliche Verschiebung einer Wassersäule impliziert (BRYANT 2008:3). Aufgrund der tektonischen Beschaffenheit des pazifischen Feuerrings gehört es zu den tsunamigefährdeten Gebieten. Diese Information lässt sich auch aus der Abbildung 9 entnehmen. Weiterhin sind die Küstengebiete über der Subduktionszone der Indisch-Australischen und Eurasischen Platte stark von Tsunami gefährdet.

Abb. 9: Globale Tsunami-Gefährdung (http://www.tsunami-alarm-system.com)

Charakteristika einer Tsunamiwelle sind die Wellenlänge, Wellenperiode, Wellenamplitude und die Höhe des Tiefen- und Flachwasser (BRYANT 2008:27). Die Wellenlänge stellt den Abstand zwischen zwei aufeinanderfolgenden Wellenkämmen dar. Die Wellenlänge kann 500km und mehr betragen (ebd.:29). Die Wellenperiode definiert die Zeitspanne zweier aufeinanderfolgenden Wellenkämme an einem Ort, welche im Allgemeinen 100s – 2000s beträgt (ebd.:28). Zusammen ergeben Wellenlänge und -periode die Geschwindigkeit des Tsunami. In Abhängigkeit der Wassertiefe kann sich ein Tsunami im Tiefenwasser mit bis zu 1000km/h vom Epizentrum in alle Richtungen ausbreiten (SCHEFFERS 2008:174). Im Flachwasser besitzen die Wellenkämme Geschwindigkeiten unter 100km/h (je nach Wassertiefe) (KLUG 1986:91). „Beim Übertritt in flacheres Wasser ([...] im näheren foreshore-Bereich) wird der Tsunami vorne stark abgebremst, während von See her eine riesige Wassermasse [...] nachschiebt" (SCHEFFERS 2008:174), dabei staucht sich die Wellenlänge und die Amplitude an der Küste steigt enorm an, dies wird run up genannt (ebd.). Die Wellenamplitude bezeichnet den Abstand zwischen dem Wellental und –rücken und beträgt im Tiefenwasser meist <1m. Dementsprechend wird der Tsunami von Menschen auf dem offenen Meer nicht wahrgenommen. Die durchschnittliche run up-Höhe der letzten 400 Jahre beträgt ungefähr 35 m. Auch run ups von über 100m Höhe ereigneten sich in den letzten Jahrhunderten (ebd.:175).

4.1 Ursachen

Je nach der Ursache können sich Verlauf und Ausbreitung dieses Naturphänomens unterscheiden. Die Auslöser können Erdbeben, Vulkanismus, Massenbewegungen (ober und unter Wasser) oder extraterrestrische Objekteinschläge sein, welche sich in Ozeanen, Buchten, Seen oder Flüssen ereignen (BRYANT 2008:3). In den folgenden Kapiteln werden die einzelnen Entstehungsformen näher beleuchtet.

4.1.1 Erdbeben

Die bekannteste Ursache zur Entstehung von Tsunami ist, auf Grund der Aktualität und Mediendarstellung, das Erd- bzw. Seebeben. Zur näheren Erläuterung, ein Seebeben ist ein Erdbeben, wobei die Lage des Erdbebenherdes (Hypozentrum) sich innerhalb des Erdkörpers befindet (LEXIKON DER GEOWISSENSCHAFTEN 2000:472). Im weiteren Verlauf wird diese Ursache generalisiert und als Erdbeben bezeichnet. Der Abstand zwischen dem Hypozentrum und dem Epizentrum wird als Herdtiefe bezeichnet (ebd.). Laut KOPP & WEINREBE (2009:21) sind Erdbeben für 83,8% aller Tsunami der letzten 2000 Jahre im Pazifischen Ozean die Ursache (nach BRYANT [2008:127] 82,3%). Jedoch entsteht nicht aus jedem Beben ein Tsunami. Zwischen 1861 und 1948 wurden über 15 000 Erdbeben gemessen, woraus nur 124 Tsunami resultierten (BRYANT 2008:127) – prozentual <1%. Demzufolge kann zum einen von der Magnitude einer seismischen Aktivität auf die Wahrscheinlichkeit eines Tsunami-Ereignisses geschlossen werden. Aus Tabelle 3 kann dies, auf Grundlage von Messungen im Pazifischen Ozean zwischen 1900 – 1960, nachvollzogen werden. Markant ist dabei eine Tsunami-Häufigkeit von 100% ab einer Magnitude von 7,3 (KLUG 1986:85). Zum anderen bestimmt die Herdtiefe die Wahrscheinlichkeit von Tsunami, wie aus Tabelle 4 entnommen werden kann. Auch wenn die verwendete Terminologie und Skalierung der Herdtiefe wissenschaftlich unpräzise ist, können nützliche Erkenntnisse entnommen werden. Weiterhin kann von der Magnitude auf die Maxima der run ups geschlossen werden. In Tabelle 5 beziehen sich die Werte auf Japan. Unter Anbetracht unterschiedlicher Gegebenheiten, wie Typus der Plattengrenze, Herdtiefe etc., sind die Werte nicht global kompatibel zu betrachten.

Tab. 3: Magnitudenintervall und Tsunami-Häufigkeit (Datenquelle: KLUG 1986:85).

Magnituden	Abhängige Tsunami-Häufigkeit in %
≥7,3	100
7,0 – 7,2	67
6,7 – 6,9	17
6,3 – 6,6	4 – 9
5,8 – 6,2	1,4

Tab. 4: Tsunami-Wahrscheinlichkeit unter Einbezug der Herdtiefe (Datenquelle: KLUG 1986:84).

Herdtiefe in km	Tsunami-Auftreten
0 – 40	meistens
50 – 80	Manchmal
>80	Gewöhnlich nicht (auch bei höheren Erdbebenmagnituden)

Tab. 5: Maxima der run up-Höhen in Bezug auf die Magnitude (Datenquelle: BRYANT 2008:132).

Erdbebenmagnitude	Maximum Run up in m
6,0	<0,3
6,5	0,5 – 0,75
7,0	1 – 1,5
7,5	2 – 3
8,0	4 – 6
8,3	8 – 12
8,5	16 – 24
8,8	>32

Erdbeben entstehen durch dynamische Prozesse an plattentektonischen Grenzen. Dies kann bei divergenten und konvergenten Plattengrenzen, sowie Transformstörungen auftreten. In den Subduktionszonen entlang konvergierender Plattengrenzen sind 90% der Erdbebenherde verzeichnen und gelten dementsprechend auch als hauptsächliche Ursache für Tsunami. (KOPP & WEINREBE 2009:20). Horizontale Dislaktionen verursachen selten einen Tsunami, selbst mit einer erhöhten Magnitude (>6,3). Die meisten entstehen durch einsetzen einer seismischen Aktivität in vertikaler Richtung (Hebung oder Senkung). Dabei kommt es nach einer abrupten Druckentlastung zur Bruchbildung in der Erdkruste. Die Wassersäule oberhalb der Bodenschwelle hebt die Freisetzung der Deformationsenergie und erzeugt einen Wasserberg, der mehrere, in allen Richtungen abwandernde Wellen, erzeugt (KLUG 1986:85; LEXIKON DER GEOWISSENSCHAFTEN 2000:72).

Ausschlaggebend für die Energie eines Tsunami bzw. die Magnitude eines Erdbebens sind die Längen der Rissline in der Erdkruste, dessen Winkel, die Höhe der Dislokation und die Herdtiefe (BRYANT 2008:136f.). Markant beim Verlauf eines Tsunami ist, dass sich das Wasser vor der ersten Welle zurückzieht. Bis zu einer halben Stunde kann der Meeresgrund freigelegt sein (SCHEFFERS 2008:175).

Einschlägigstes Ereignis war der Tsunami am 26.12.2004. Dessen voran ging das Erdbeben, wobei sich die Indisch-Australische Platte nordwärts unter die Eurasische Platte schob. Das Erdbeben wurde mit einer Magnitude von 9,15 gemessen (BRYANT 2008:167). Wie dieses Naturphänomen zur Naturkatastrophe wurde und welche Auswirkungen dies hatte, wird im Kapitel 4.2 näher beleuchtet.

4.1.2 Vulkanismus

Tsunami mit der Entstehung durch Vulkanismus haben eine geringere Ausdehnung und ereignen sich deutlich seltener als welche die durch Erdbeben entstanden. Nur etwa 4,6% der, bis 2008 aufgezeichneten, Tsunami werden durch Vulkanausbrüche produziert (KLUG 1986:87; KOPP & WEINREBE 2009:21). Dabei gibt es jedoch verschiedene Verläufe, die zum Auslösen des Naturphänomens Tsunami führen können. Vulkanische Erschütterungen (22%), pyroklastische Ströme (20%) und submarine Explosionen (19%) sind die häufigsten Erscheinungsformen und werden im Folgenden näher beleuchtet.

Zum einen wird durch die Eruption eines Vulkans das betroffene Gebiet von Erschütterungen begleitet und kann einen Tsunami verursachen - sofern der Vulkan in Ozeannähe ist. Dabei sind Wellen mit 17m Höhe möglich, wie das Ereignis 1878 am Yasour verdeutlicht (BRYANT 2008:219). Weiterhin kann in Folge pyroklastischer Ströme ein Tsunami generiert werden. Diese Ströme bestehen aus Lava, Glut und Aschepartikeln und sobald diese die Wasseroberfläche erreichen, verdrängen sie das Wasser und übertragen die Energie auf die Wassermoleküle. Umso höher die Dichte des pyroklastischen Materials ist, desto größere Ausmaße nimmt der Tsunami ein, wie auf der kleinen indonesischen Vulkaninsel Ruang 1871 mit 25m hohen Wellen (ebd.:219f.). Auch submarine Explosionen können relativ häufig Ursprung eines Tsunami, auf Grund vulkanischer Aktivitäten, sein. Dieser Prozess kann in bis zu 500m Tiefe die darüber Wassersäule ausreichend stören, um einen Tsunami auszulösen, welcher sich jedoch selten über 150km an der Oberfläche ausbreitet. Eine signifikantere Form submariner Explosionen besteht darin, wenn Wasser in eine Magmakammer eindringt. Dabei konvertiert das Wasser unverzüglich zu Wasserdampf und setzt kolossale Energiemengen frei, was eine immense Explosion generiert. Exemplarisch dafür ist das historische Ereignis 1780 am Sakurajima.

Oft wirken die verschiedenen Mechanismen des Vulkanismus zusammen und bilden die Ursache eines bzw. mehrerer Tsunami. Besagtes ereignete sich im August 1883 auf der indonesischen Vulkaninsel Krakatau in der Sunda-Straße. Beim Ausbruch des 900m hohen Vulkans wurden 18 km³ pyroklastischen Materials ausgestoßen, bevor dieser zusammenstürzte und eine 200m tiefe Caldera bildete. Das Ereignis beinhaltete zudem submarine Explosionen mit run ups die bis zu 40m in die Höhe ragten (ebd.:220, BORMANN 2008:1).

4.1.3 Massenbewegungen

Neben Erdbeben und Vulkanismus, können auch Massenbewegungen Tsunami auslösen. Die Versetzung von Massen kann sogar durch seismische Aktivität hervorgerufen werden. Die entstehenden Tsunami beschränken sich jedoch mit ihrer Auswirkung meist auf lokale Gebiete. Bei den Massenbewegungen wird zwischen submarinen Rutschungen und subaerische Rutschungen (in das Wasser bewegende Erd- oder Eismassen) differenziert (BRYANT 2008:179ff.; KLUG 1986:88f.). Beide Formen bewirken in ihrem Verlauf eine Wasserverdrängung im Durchzugs- und Ablagerungsbereich des sich abwärts bewegenden Materials. Die Intensität der Wellen hängt von dem Volumen des Materials, der Tiefe sowie die Geschwindigkeit beim Abrutschens ab (BRYANT 2008:238; 185).

Submarine Hangrutschungen können an verschiedensten tektonischen Typen lokalisiert werden (Fjorde, Vulkaninseln, aktive und passive Kontinentalränder) (HÜNERBACH & MASSON 2004:343). Eine globale Verteilung stark betroffener Gebiete ist in der Abbildung 10 veranschaulicht. Daraus ist zu erkennen, dass ein Großteil der submarinen Erdrutsche ihren Ursprung in Nähe der Kontinentalhänge hat, wo starke Neigungen vorliegen. Massenbewegungen in Küstennähe (Flachwasser) generieren gefährliche Tsunamiwellen, da bei kurzen Distanzen eine hohe Energie erhalten bleiben kann. Die meisten untersuchten Flachwasserrutschungen sind an siliziklastischen Hängen zu verzeichnen (WEBSTER 2015:3). Nach WEBSTER (2015:19) entstehen durch solche Mechanismen Tsunamiwellen bis zu 6 m Höhe. Submarine Massenbewegungen können größere Ausmaße als terrestrische annehmen und mehrere tausend Kubikkilometer Material bewegen. Bemerkenswert ist, dass solche Materialbewegungen jedoch auch bei geringen Neigungen von nur 1-2° auftreten. Auf terrestrischem Gelände sind Hänge mit solchen Neigungen stabil (POPE 2015:19). Nachdem die Festigkeit der Sedimente überschritten wurde, setzt das Materialrutschen entlang einer oder mehrerer Bruchstellen ein. Unterschieden wird in zwei Typen submariner Massenbewegungen. Zum einen kleine aber häufige Rutschungen und zum anderen wenige große Materialbewegungen (ZHANG 2015: 419). Ist das submarine Material einmal in Versetzung geraten, reißt sie das umgebene Wasser und bildet trübe Sedimentströme mit Geschwindigkeiten bis zu 20 m/s. Wie bereits einleitend erwähnt, können Erdbeben solche Rutschungen/Bewegungen auslösen. Aber auch eine schnelle Sedimentation, welche zum hohen Porenüberdruck führt, assoziiert mit der Gashydrat-Dissoziation kann zur Verringerung der Sedimentstärke führen, was wiederum Massenbewegungen in Gang setzen kann (POPE 2015:19f). Das Gashydrat setzt sich hauptsächlich aus Methan und Wasser zusammen. Steigt die Temperatur oder fällt der Druck, werden

Gashydrate instabil und dissoziieren (ZHANG 2015: 419). Ein durch submarine Massenbewegung ausgelöster Tsunami weist eine klar definierte Ausbreitungsrichtung auf. Die Wellen breiten sich in Richtung des Erdrutsches und in entgegengesetzter Richtung aus, wie aus der Abbildung 11 entnommen werden kann (BRYANT 2008:184f.). Als Beispiel dient der Tsunami vom 17. Juli 1998 in Sissano (Papua-Neuguinea). Nach einem Erdbeben mit einer Magnitude von 7,1 kam Sedimentmaterial in einer Lagune in Bewegung. Wellen türmten sich 15 m hoch und überschwemmten die Küstenregion (KAWAMURA 2014:45).

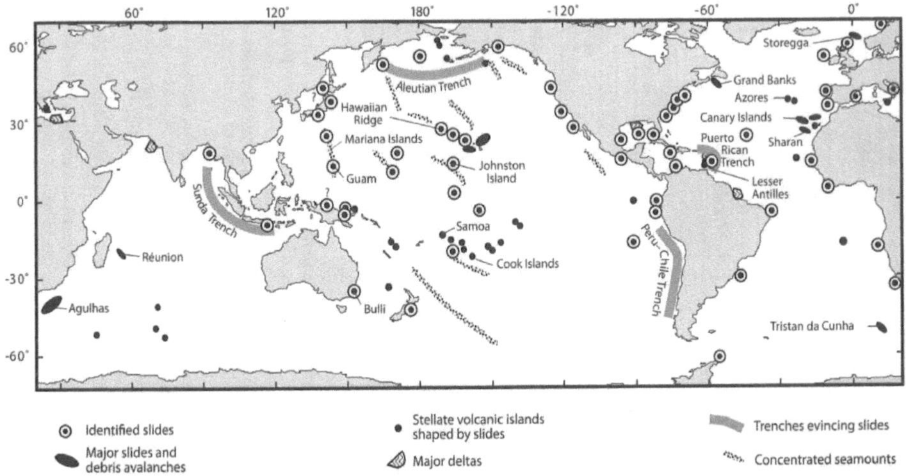

Abb. 10: Globale Übersicht zur Verteilung von Massenbewegungen an den Ozeanen und Darstellung gefährdeter Gebiete (BRYANT 2008:182)

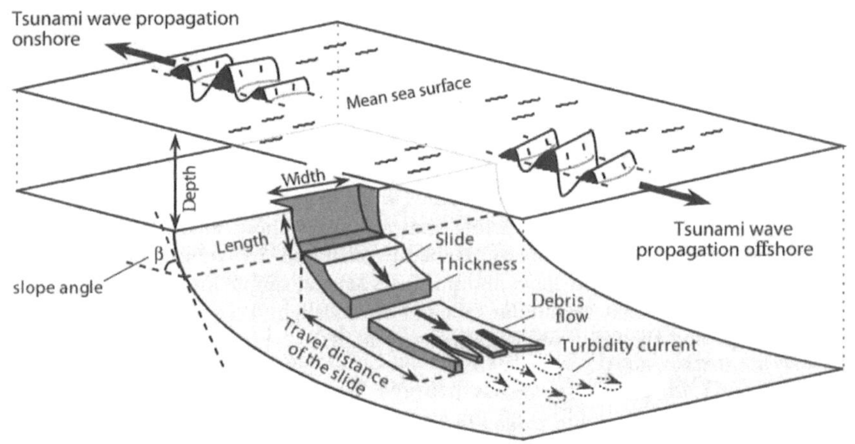

Abb. 11: Entstehung von Tsunamiwellen aufgrund submariner Erdrutsche (BRYANT 2008:185)

Subaerische Massenbewegungen treten oft in Buchten oder Fjorden auf, werden dort von den geometrischen Gegebenheiten beeinflusst. Deshalb sind Regionen wie Alaska, Kanada oder Norwegen von solchen Ereignissen häufiger betroffen (HÜNERBACH & MASSON 2004:343). In der Lituya Bay (Alaska) 1958 löste ein Erdbeben mit der Magnitude 7 einen Erdrutsch aus. Gesteinsmassen von 90 Millionen Tonnen kamen in Bewegung und lösten Wellen von 524m an den Hängen der Bucht aus. Ein Tsunami mit Wellenhöhen bis zu 50m breitete sich daraus folgend in Richtung Ozean aus (KLUG 1986:89f.; BRYANT 2008:186ff.).

4.1.4 Extraterrestrische Objekte

Zu den extraterrestrischen Ursachen zur Entstehung von Tsunami zählen Einschläge von Asteroiden und Kometen, welche sich in den zusammengesetzten Substanzen und der Dichte unterscheiden. Sie werden von der NASA (2015:o.S.) auch als NEAR EARTH OBJECTS (NEO) bezeichnet. Täglich legen sich ca. einhundert Tonnen interplanetarisches Material auf der Erde ab. Ein Großteil sind Staubpartikel die sich von Kometen absondern (ebd.). Ereignisse von spürbarem Ausmaße sind höchst selten. Alle tausend Jahre trifft ein Asteroid mit 100m Durchmesser auf die Erdoberfläche. Die maßgeblichen Einflussfaktoren Dichte, Zusammensetzung, Durchmesser und Geschwindigkeit eines Asteroiden oder Kometen, sowie die Wassertiefe des Einschlagsgebiets sind von zentraler Bedeutung für den daraus resultierenden Tsunami. Die kinetische Energie, eines Asteroiden mit 100 m Durchmesser, beträgt ca. 100 Megatonnen. Asteroiden ungefähr dieser Größe können Tsunami signifikanten Ausmaßes verursachen (BRYANT 2008:235). Extraterrestrische Objekte mit einem Durchmesser <1km – vor Eintritt in die Atmosphäre – fragmentieren und explodieren oft nach dem Eintritt in die Erdatmosphäre. Solche Airburst-Explosionen können ebenfalls Tsunami generieren. Sobald ein Asteroid oder Komet auf die Wasseroberfläche einschlägt, entsteht ein Wasserkrater mit zehnfachem Durchmesser des ursprünglich einschlagenden Objekts. Der Meeresgrund wird bei ausreichender Tiefe nicht deformiert, da das Wasser größtenteils die Energie absorbiert. Nach ca. 5s füllen sich die geschaffenen Hohlräume wieder mit Wasser und der Tsunami entsteht. Die Ausmaße des Tsunami sind abhängig von der übertragenen kinetischen Energie. Bei Airburst-Explosionen ist diese geringer, demzufolge entstehen Tsunami mit geringeren Wellenhöhen. Ebenso ist der Einschlagwinkel ausschlaggebend. In der Abbildung 12 ist der simulierte Verlauf eines Asteroideneinschlag südlich von Long Island, mit 1,4 km Durchmesser und einer Geschwindigkeit von 20 km s^{-1}, dargestellt. Das durch den Splash-Effekt kilometerweit und -hoch beförderte Wasser ist schwarz dargestellt. Die weißen Stellen in der Abbildung zeigen den entstandenen Wasserdampf, welcher bei 5000°C kondensiert. Jegliches Leben wäre bei solchen Temperaturen ausgelöscht (ebd.:237ff.). Der Verlauf vom Einschlag und der Ausbreitung des Tsunami bei vertikalem Einschlag, wurde in einer Computersimulation, auf Grundlage des Einschlags vom Kometen Shoemaker-Levy 9 auf Jupiter 1994, visualisiert – Abbildung 13. Infolge des Kometeneinschlags schießt eine kilometerhohe Wasserfontäne nach oben. Die Wellen breiten sich ringförmig, mit exponentiell abnehmenden Wellenhöhen vom Einschlagsort, aus (BRYANT 2008:244; 247).

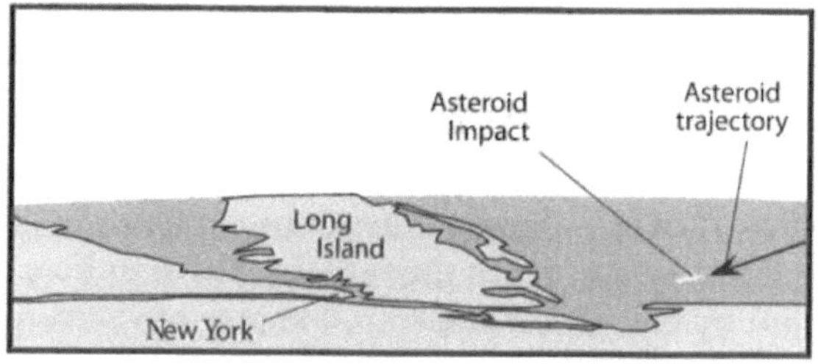

Just before impact

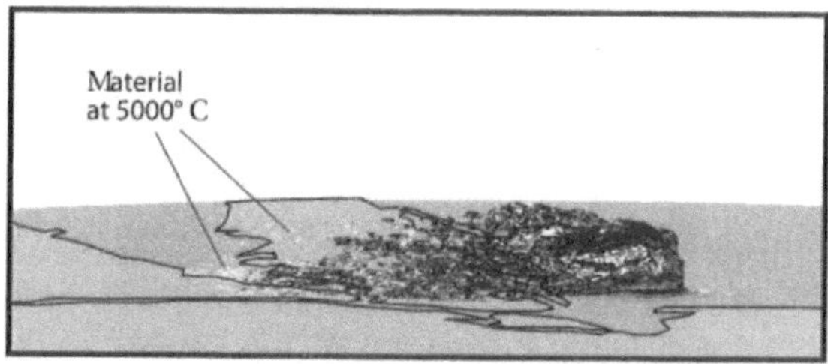

2.9 seconds after impact

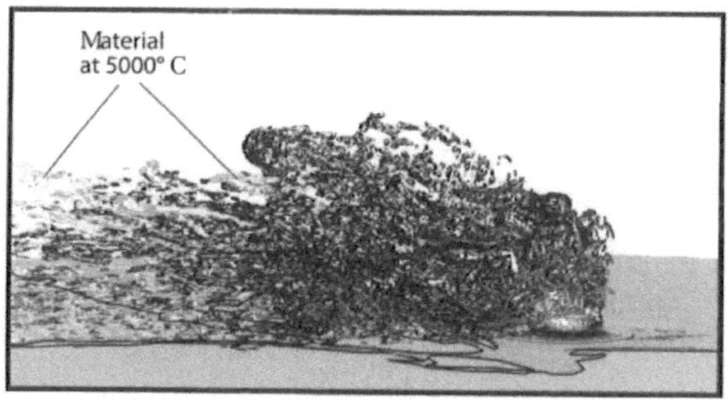

8.4 seconds after impact

Abb. 12: Simulation eines Asteroideneinschlags in der Nähe von Long Island (BRYANT 2008:239)

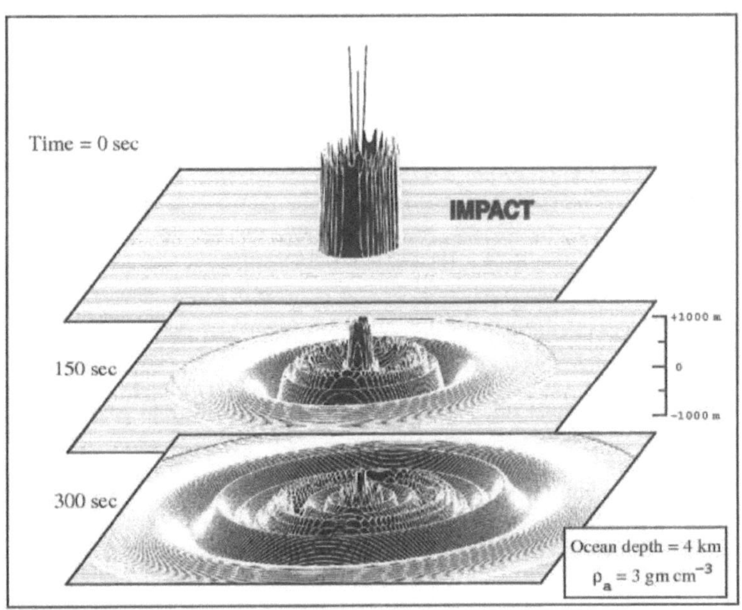

Abb. 13: Computersimulation eines Kometenimpakts (BRYANT 2008:244)

4.2 Auswirkungen

Die Auswirkungen eines Tsunami betreffen zwei grundlegende Bereiche. Einerseits treten in Folge dieses Ereignisses Veränderungen in der Beschaffenheit des Ökosystems auf. Andererseits sind sozioökonomische Auswirkungen zu verzeichnen. Beides soll nun weiter deklariert werden.

Die Auswirkungen auf das Ökosystem lassen sich wiederum in Effekte auf das marine bzw. aquatische und terrestrische Ökosystem unterteilen. Insbesondere in Flachwasserlebensräumen sind die Veränderungen bzw. Zerstörungen verheerend. Durch die energiegeladenen Bewegungen des Wassers, werden die einzigartigen koexistierenden Pflanzen- und Tierarten in ihrer Lebensgemeinschaft beschädigt. Diese sind ausschlaggebend für Prozesse der Regulierung von Sauerstoff, Kohlendioxid und der Schadstofffilterung im Wasser. Insbesondere betroffene Korallenriffe, Mangrovengebiete und Algenansammlungen sind für das aquatische Ökosystem fundamental. Sie

27

dienen, neben den vorab genannten Prozessen, als Lebensraum und Nahrung für Fische, Muscheln und jegliche Meeresorganismen (JOSEPH 2011:99). Die Korallen senken den anthropogenen CO_2-Ausstoß um 2%. Die riffbildenden Prozesse erzielen somit eine Reduzierung der globalen Erderwärmung. Während des Tsunamiereignisses im Dezember 2004 im indischen Ozean, wurden die Korallenriffe auf zwei Arten zerstört. Zum einen wurden die Riffe erodiert oder von Sand und Schlamm sedimentiert, sodass kein Licht zur Photosynthese bereitstand und zudem viele Organismen erstickten. Zum anderen brachen die Korallen in Folge der kräftigen Tsunamiwellen ab und wurden zertrümmert. Heutzutage sind immer noch viele Riffe nicht wieder hergestellt. Der Fischbestand normalisierte sich in den Folgejahren (ebd.:99f.). Wie in Kapitel *4.1.3 Massenbewegungen* bereits erwähnt, wird bei dieser Tsunamiursache auch Methan freigesetzt, was den Treibhausgaseffekt intensiviert (POPE 2015:19f.)

Während eines Tsunami in Salzgewässern, steigt der Oberflächensalzgehalt im Wasser an, wodurch die Temperatur der Wasseroberschicht um 1°C am Tag des Prozesses sinkt. Dies ist oppositionell im Tiefenwasser festzustellen. Die Auswirkungen auf das terrestrische Ökosystem sind entsprechen nicht denen des marinen/aquatischen Ökosystem. Durch das langsame Vordringen der Wassermassen, werden Salzablagerungen auf dem Land der Flora schaden. Die meisten Schäden können in relativ kurzer Zeit regeneriert werden. Dabei können tropische Regionen Biotope schneller wiederherstellen als subarktische (JOSEPH 2011:100f.).

Da Tsunami meist nah an Küstengebieten entstehen, siehe Abbildung 9, sind diese Regionen stark gefährdet. Diese sind jedoch auch stark besiedelt. Für den Menschen ergeben sich ausschließlich negative Auswirkungen, die direkt oder indirekt fungieren. Wird das Naturereignis Tsunami im humanen Bezug betrachtet, stellt es ein Naturphänomen dar, welches jederzeit zur Naturkatastrophe werden kann. Direkte Konsequenzen folgen aus der Bedrohung der menschlichen Existenz. Menschen die sich in Ufernähe aufhalten, haben aufgrund der herrschenden Kräfte, sehr geringe Überlebenschancen. Weiterhin trägt auch die Infrastruktur enorme Schäden davon. Gesellschaftliche Verhältnisse werden künftig behindert. Betroffene Regionen sind forthin mit dem Wiederaufbau beschäftigt. Indirekte Auswirkungen ergeben sich aus den vorab beschriebenen Schäden des

Ökosystems. Neben Auswirkungen auf die Fischwirtschaft, das Ertrinken von Nutztieren oder der Landwirtschaft, ist der abnehmende Tourismus eine primäre sozioökonomische Folge. Betrachtet man den Tsunami der 2011 auf Japan traf, so kann ein Tsunami die Kontaminierung einer ganzen Region beeinflussen.

In diesem Punkt lässt sich der Einfluss des Menschen aufgreifen, ob Tsunami Naturphänomene sind, die durch menschliches Handeln oder Handlungen zu Naturkatastrophen resultieren können.

4.3 Schutzmaßnahmen

Ein kompletter und aktiver Schutz gegen Tsunami ist nicht realisierbar. Jedoch können mit „Risikomanagement und Katastrophenvorhersage" (SCHEFFERS 2008:177) Schutzmaßnahmen zur Schadensmilderung realisiert werden.

Nach einem Tsunami 1946, welcher über hundert Menschen auf Hawaii und in Alaska das Leben kostet, wurde das ‚Pacific Tsunami Warning Center' (PTWC) entwickelt. Dieses Tsunamifrühwarnsystem ist für den gesamten Pazifik zuständig und beinhaltet mittlerweile 23 Staaten, welche bei einem eintretenden Ereignis in wenigen Minuten gewarnt werden sollen (JOSEPH 2011:126; NIEDECK & FRATER 2004:24). Dieses System arbeitet auf wissenschaftlichen Vorhersagen. Nach bestimmten Messwerten werden Tsunamiwarnungen ausgerufen. Die Staaten müssen anhand dessen reagieren und politische Entscheidungen treffen, welche als Schutzmaßnahmen fungieren sollen (GEBHARDT et. al 2007:1062ff.). In Abbildung 14 sind die Komponenten und Kommunikationswege eines Tsunamifrühwarnsystems dargestellt. Weiterhin sollen bis zu 16 m hohe Wände aus Beton zum Schutz für gegen Wellen dienen, welche schwache Tsunami aufhalten können, jedoch gegen eine Überflutung größerer Tsunami machtlos sind (SCHEFFERS 2008:177). „Dichte Mangrovensäume und Baumpflanzungen verringern ebenfalls die Wellenenergie beträchtlich" (ebd.). Wichtig ist das ist Lehre über Tsunami und dessen Anzeichen, sodass die Bevölkerung die ersten Signale eines Tsunami wahrnehmen kann (ebd.). Die Zerstörung mariner Ökosysteme kann mit keiner Schutzmaßnahme gelindert werden.

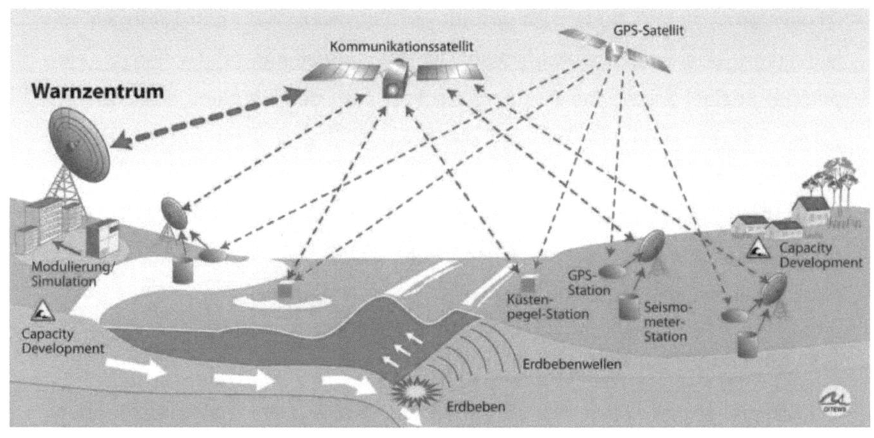

Abb. 14: Funktionsschema und Sensorsysteme eines Tsunamifrühwarnsystems (www.eskp.de)

5 Zusammenfassung

Ähneln sich die Effekte von Sturmfluten und Tsunami an der Oberfläche mit einigen Gemeinsamkeiten, so sehr unterscheiden sie sich grundlegend in ihrer Dynamik. Sturmfluten sind größtenteils Oberflächenphänomene, dessen Auswirkungen meist nur die Ufer betreffen und dortige ökologische oder materielle Schäden anrichten. Ähnliche Folgen trägt auch der Tsunami mit sich. Das Ausmaß dieser Schäden richtet sich nach den gegebenen Schutzmaßnahmen, welche in den Kapiteln 3.5 und 4.3 dargestellt sind. Tsunami bürgen zudem die Gefahr, wie in Kapitel 4.2 näher beschrieben, marine Ökosysteme zerstören zu können.

Im Gegensatz zu Tsunami, kennzeichnen Sturmfluten sich durch ein häufigeres Auftreten aus. Dessen verursachende Dynamiken sind Beständigkeit, wohingegen Tsunami aufgrund langwieriger Prozesse, welche sich dann plötzlich in einer Aktivität (Erdbeben, Vulkanismus) ausdrücken, über einen langen Zeitraum entstehen. Die seltenste Entstehungsursache für Tsunami ist die durch das Eintreffen extraterrestrischer Objekte auf oder über der Wasseroberfläche.

Die Abbildungen 8 und 9 zeigen die Gefährdungsgebiete der beiden Prozesse
auf. Auch wenn Sturmfluten ein häufig auftretendes Naturphänomen darstellen,
so sind die betroffenen Gebiete begrenzter als bei Tsunami, da dessen Wellen
sich über mehrere Ozeane ausbreiten können und somit mehr Küstengebiete
erreichen. Auch dessen Zerströrungskraft ist, in Bezug auf Menschen- und
Sachschäden, immenser.

6 Fazit

Sturmfluten und Tsunami sind Prozesse die im weiteren Verlauf der
Erdgeschichte immer wieder auftreten werden. Dabei sind Sturmfluten,
aufgrund des stetig ansteigenden Meeresspiegels, wahrscheinlich mit
zunehmender Häufigkeit zu erwarten. Trivial sind diese beiden Prozesse als
Naturphänomene zu betrachten. In Bezug auf den Faktor Mensch, werden
diese natürlichen Phänomene als Naturkatastrophen betrachtet. Die These
dieser Arbeit, dass Sturmfluten und Tsunami ausschließlich negative
Auswirkungen auf den Faktor Mensch haben, kann in Folge der gewonnen
Erkenntnisse wiederlegt werden. Denn auch das Ökosystem leidet unter diesen
Naturkatastrophen. Jedoch müssen diese auch als natürlicher Kreislauf des
globalen Systems betrachtet werden, welcher schon vor dem Auftreten des
Menschen ablief und sich selbstständig regenerierte. Es sind natürliche Folgen,
die erst durch die gesellschaftliche Betrachtungsweise zu Naturkatastrophen
werden. Um die Auswirkungen auf den Menschen auch in Zukunft möglichst
gering zu halten, müssen weiterhin Investitionen in den Katastrophenschutz
getätigt werden. Einerseits müssen präventive Maßnahmen weiterentwickelt
werden. Andererseits muss auch an der wissenschaftlichen Erforschung dieser
Prozesse in Zukunft gearbeitet werden, um diese in ihrer Gänze zu verstehen
und vorherzusagen.

Literaturverzeichnis

BORMANN, P. (2008): Infoblatt Tsunami. <http://bib.gfzpotsdam.de/pub/m/ infoblatt_ tsunami.pdf> (Stand: 2008) (Zugriff: 23-11-2015).

BRYANT, E. (2008). The underrated hazard. Berlin: Springer.

DIERCKE WÖRTERBUCH GEOGRAPHIE (2011[15]), hrsg. H. Leser. Braunschweig: Westermann.

FELGENTREFF, C. & W. DOMBROSWKY (2008): Hazard-, Risiko- und Katastrophenforschung. In: FELGENTREFF, C. & T. GLADE (Hrsg.): Naturrisiken und Sozialkatastrophen. Heidelberg: Springer-Verlag, S.13 – 29.

GEBHARDT, H., R. GLASER, U. RADTKE & P. REUBER (2007): Geographie. Physische und Humangeographie. Heidelberg: Spektrum.

GÖNNERT, G., GERSTENMEIER, B., MÜLLER, J.-M., SOSSIDI, K. & S. THUMM (2010): Zur hydrodynamischen Interaktion zwischen den Sturmflutkomponenten Winstau, Tide und Fernwelle. Zwischenbericht Teilprojekt 1a. < https://www.tu-braunschweig.de/Medien-DB/hyku-xr/02_goennert_et_al _xtremrisk_sturmflutkomponenten.pdf> (Stand: 07-07-2010) (Zugriff: 21-11-2015).

GÖNNERT, G. & S. THUMM (2010): Das Risiko von Extremsturmfluten in Ästuaren angesichts globalen Klimawandels. In: SCHWARZER, K. & K. SCHROTTKE & K. STATTEGGER (hrsg.). From Brazil to Thailand – New Results in Coastal Research. Kiel: Christian-Albrechts-Universität.

GÖNNERT, G. (2007): Sturmfluten und der Umgang mit ihrem Risiko im Elbeastuar. In: Berichte zur deutschen Landeskunde, B. 81, H. 3, 247-266.

HEDIGER, S., FALK, G.C. & REUSCHENBACH, M. (2007): Naturrisiken im Geographieunterricht. – Geographie heute 28, 251, 2-7.

HOSSAIN, N. (2015): Analysis of human vulnerability to cyclones and storm surges based on influencing physical and socioeconomic factors: Evidences from coastal Bangladesh. In: ALEXANDER, D.: Internatinal Journal of Disaster Risk Reduction 15. Amsterdam: Elsevier.

HÜNERBACH, V. & D. MASSON (2004): Landslides in the North Atlantic and is adjacent seas: an analysis of their morphology, setting and behaviour. Marine Geology 213, 1-4, 343-362.

JOSEPH, A. (2011): Tsunamis. Detection, Monitoring, and Early-Warning Technologies. Amsterdam: Elsevier.

KAWAMURA, K., J. LABERG, T. KANAMATSU (2014). Potential tsunamigenic submarine landslides in active margins. Marine Geology 256, 44-49.

KLUG, H. (1986): Flutwellen und Risiken der Küste. Wissenschaftliche Paperbacks Geographie. Stuttgart: Franz Steiner.

KOPP, H. & W. WEINREBE (2009): Ursachen von Tsunamis. Ein Überblick. Geographische Rundschau 61, 12, 20-27.

LEXIKON DER GEOWISSENSCHAFTEN (2000): Edu bis Insti. Band 2. (Hrsg.): MARTIN, C., M. EIBLMAIER, & L. KREUTZWALD. Heidelberg, Berlin: Spektrum Akademischer Verlag GmbH.

N.N. (o.J.): Introduction to Oceanography. Lecture. <http://www.iupui.edu/~g115/ mod12/lecture05.html> (Zugriff: 22.11.2015).

NASA (2015): Near Earth Object Program. Target Earth.<http://neo.jpl.nasa.gov/ neo/target.html> (Stand: 24-11-2015) (Zugriff: 24-11-2015).

NIEDECK, I. & H. FRATER (2004): Naturkatastrophen. Wirbelstürme, Beben, Vulkanausbrüche – Entfesselte Gewalten und ihre Folgen. Berlin, Heidelberg, New York: Springer.

PARKER, B. (2005): Tides. In: SCHWARTZ, M. L. (2005): Encylopedia of coastal science. Berlin: Springer.

POHL, J. & R. GEIPEL (2002): Naturgefahren und Naturrisiken – Geographische Rundschau 54, 1, 4-8.

POPE, E. L. et al. (2015): Are large submarine landslides temporally random or do uncertainties in available age constraints make it impossible to tell?. Marine Geology 368, 19-33.

RAO, N., S. GHERMANDI, A. PORTELA, R. & X. WANG (2015): Global values of coastal ecosystem services: A spatial economic analysis of shoreline Protection values. In: BRAAT, L.: Ecosystem Services. Science, Policy and Practice. Amsterdam: Elsevier.

REUTERS, T. (2011): Zehn Meter hohe Tsunamiwelle überflutet Japan. < http://www.welt.de/vermischtes/weltgeschehen/article12770398/Zehn-Meter-hohe-Tsunamiwelle-ueberflutet-Japan.html> (Stand: 11.03.2011) (Zugriff: 21.11.2015).

REUTERS, T. (2013): Orkantief "Xaver": Sturmflut trifft Hamburg – Hafen zeitweise gesperrt. < http://www.spiegel.de/panorama/schwere-sturmflut-trifft-hamburg-strassen-an-der-elbe-gesperrt-a-937512.html> (Stand: 06.12.2013) (Zugriff: 21.11.2015)

SCHEFFERS, A. (2008): Tsunami. In: FELGENTREFF, C. & W. DOMBROWSKY (Hrsg.): Naturrisiken und Sozialkatastrophen. Heidelberg: Springer, 173-180.

SCHÖNWIESE, C.-D. (2008³): Klimatologie. Stuttgart: Eugen Ulmer.

SCHWANKE, K., N. PODBREGAR, D. LOHMANN & H. FRATER (2009²): Naturkatastrophen. Wirbelstürme, Beben, Vulkanausbrüche – Entfesselte Gewalten und ihre Folgen. Berlin, Heidelberg: Springer.

STORCH, H. v. & K. WOTH (o.J.): Sturmfluten. <http://www.academia.edu/2043200/ Sturmfluten> (Stand: 21.11.2015) (Zugriff: 21.11.2015).

WEBSTER, J. M. et al. (2015): Submarine landslides on the great barrier reef shelf edge and upper slope: A mechanism for generating tsunamis on the north-east Australian coast?. Marine Geology. <http://ac.els-cdn.com/S0025322715300670/1-s2.0-S0025322715300670-main.pdf?_tid=ec5c328c-94ef-11e5-8cc8-00000aab0f02&acdnat=1448619568_bb56ca9c0a59030af3283083dc4ac641> (Stand: 24-11-2015) (Zugriff: 24-11-2015).

ZHANG, J., H. LIN & K. WANG (2015): Centrifuge modeling and analysis of submarine landslides triggered by elevated pore pressure. Ocean Engineering 109, 419-429.

Abbildungen

Tabellen